Christian Benner

Lokalisierung globaler Kultur - Zum alltäglichen Umgang mit Globalisierung

GRIN Verlag

Bibliografische Information der Deutschen Nationalbibliothek:

Die Deutsche Bibliothek verzeichnet diese Publikation in der Deutschen National-
bibliografie; detaillierte bibliografische Daten sind im Internet über http://dnb.d-
nb.de/ abrufbar.

Impressum:

Copyright © 2010 GRIN Verlag GmbH
Druck und Bindung: Books on Demand GmbH, Norderstedt Germany
ISBN: 978-3-640-69126-5

Dieses Buch bei GRIN:

http://www.grin.com/de/e-book/156497/lokalisierung-globaler-kultur-zum-alltaeg-
lichen-umgang-mit-globalisierung

Johannes Gutenberg Universität Mainz
Geographisches Institut

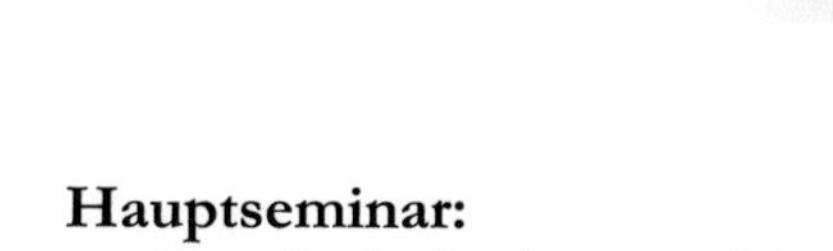

Hauptseminar:
Globalisierung, Gesellschaft, Geographie
WS 2009/10

Lokalisierung globaler Kultur:
Zum alltäglichen Umgang mit Globalisierung
(Teil 1)

Abgabetermin: 01.03.2010 (Hausarbeit)
Vortragstermin: 15.01.2010 (Referat)

Name: **Christian Thomas Benner**

Studienfächer: Geographie, Physik, Bildungswissenschaften

Fachsemester: 6

A   Inhaltsverzeichnis/ Gliederung

Einleitung oder »Was die kulturelle Globalisierung mit Graffiti zu tun hat...«

»Think globally, act locally.«
(David Ross Brower, 1912-2000)

Dieser auffordernden Aussage, global zu denken und lokal zu handeln, nachkommend, wird sich die nachstehende Hausarbeit mit dem Thema der *Verortung globaler Ideen und Gedanken in lokalem bis regionalem Bereich durch das Medium Graffiti* beschäftigen.

Der erste Teil dieser Hausarbeit wird sich mit den mehr theoretischen Hintergründen (kultureller) Globalisierung, deren Entwicklungsgeschichte, welche eng mit der Kommunikationsgeschichte verbunden ist, und den globalen Prozessen, welche zu Globalität, kultureller Identitätsbildung und der Verbreitung von global existierenden Ideen, Gedanken und Wertvorstellungen führen, beschäftigen. Der zweite Teil dieser Hausarbeit dagegen wird überwiegend auf das Medium der Graffiti eingehen sowie deren Bedeutung für die Visuelle Geographie, denn nichts anderes betreibt man, wenn man ein Graffito so zu deuten versucht, wie wir es im empirischen Teil dieser Hausarbeit, welcher an den zweiten Teil angegliedert ist, getan haben.

Zur Frage, warum es von Bedeutung sei, sich mit der Erforschung der kulturellen Globalisierung und deren Auswirkungen zu beschäftigen, fand die Bundeszentrale für Politische Bildung in ihrer Ausgabe »Aus Politik und Zeitgeschichte« (12/2002) folgende, in unseren Augen sehr passende Antwort:

»Die Herausbildung einer Weltliteratur, einer Weltmusik und einer Weltkunst im 19. und 20. Jahrhundert sind Vorläufer der kulturellen Globalisierung, die heute unser Leben prägt. Es handelt sich dabei um Internationalisierungsprozesse, die einen kulturellen Teilbereich, die Künste, betrafen - und auch hier nur einen Teil. Der zentrale Unterschied früherer und heutiger Formen kultureller Globalisierung besteht darin, dass sie heute weit über die Künste hinaus reichen und die Alltagskulturen sowie teilweise auch die mit Kultur und Kunst verbundenen Werthaltungen und Bedeutungen umfassen. Zudem zeichnet sich der gegenwärtige durch die Globalisierung bewirkte kulturelle Wandel durch eine bis in die letzten Zipfel der Erde reichende Ausbreitung aus sowie eine ungeheure Geschwindigkeit und eine gesteigerte Intensität, mit der die Kulturen in Kontakt stehen, sich austauschen, vermischen und neue Kulturen hervorbringen. Diese neue Qualität kultureller Globalisierung geht vor allem auf drei zentrale gesellschaftliche Veränderungen zurück, die alle Länder, wenn auch in unterschiedlichem Ausmaß prägen: die Herausbildung einer Weltgesellschaft durch die ökonomische Globalisierung, die weltweiten Migrationsprozesse und die Medienentwicklung (APuZ 12/2002).«

»[...] eine gesteigerte Intensität, mit der die Kulturen in Kontakt stehen, sich austauschen, vermischen und neue Kulturen hervorbringen [...]«, erkennen wir in scheinbar achtlos auf Häuserwände gesprühten Graffiti nicht auch eine eigenständige neue Kultur der Meinungsäußerung und der lokalen Verbreitung globaler Gedanken, wie eingangs das Zitat David Ross Browers bereits implizieren durfte? Wir meinen »Ja!« und versuchen in den folgenden Kapiteln eingängig darzulegen, warum die *Lokalisierung globaler Kultur* durch Graffiti »große Globalisierungsthemen« erfahrbarer macht.

GLOBALISIERUNG ALS SYNONYM FÜR GLOBALE VERNETZUNGSPROZESSE

Einleitend möchte ich mit der Annäherung an die Frage, was »Globalisierung« als Begriff und Phänomen denn sein könnte, beginnen. Das ist nötig, da der Begriff »Globalisierung« äußerst inflationär in der aktuellen Gegenwartsliteratur verwandt wird und so allzu oft zum Synonym unterschiedlicher Aspekte moderner Gesellschaften geworden zu sein scheint.

Rein Etymologisch abgeleitet bedeutet das Wort »Global« soviel wie weltumspannend, die ganze Erde betreffend und ist entlehnt von Globus, aus dem Lateinischen, die Kugel.

Das Wort »Globalization« wurde erstmals 1961 in englischsprachigen Lexika verwandt. Noch gegen Ende der 1980er Jahre war allerdings der Ausdruck in Wissenschaft wie Lebensalltag annähernd unbekannt. Mittlerweile kommt kein namhafter Politiker, Journalist, Wissenschaftler bzw. Manager ohne jene Vokabel aus (Giddens 2001: 18). Auch in unserem Alltag ist dieser Ausdruck längst angekommen, bleibt aber oft diffus, miss- wie unverständlich und wenig fassbar.

Die Shell-Jugendstudie (2006) stellte in ihren Untersuchungen und Befragungen fest, daß durchschnittlich 75 % aller befragten jugendlichen Personen im Alter von 15 bis 25 Jahren schon einmal den Begriff »Globalisierung« gehört hatten. Sie verbinden in der Mehrzahl mit Globalisierung die eigene Freizügigkeit, z.B. Reisen, Studieren (82%) und die kulturelle Vielfalt (79%), aber auch nachfolgend Arbeitslosigkeit (66%), Kriminalität (59%), Frieden (57%). Alles in allem, so resümieren die Autoren der Shell-Studie letzlich, ist für die große Mehrheit der 15- bis 25-jährigen der Prozess der Globalisierung noch wenig fassbar und wenig konkret. »Insgesamt hat die Skepsis etwas zugenommen, ohne daß die Frage, was die Globalisierung den Einzelnen bringen wird, in den Köpfen bereits endgültig entschieden ist« (15. Shell-Studie 2006: 167). Ferner geht man davon aus, daß dies nicht nur für Jugendliche, sondern für die Mehrheit der Menschen in Deutschland gilt.

Essentielles wie zentrales Merkmal der Globalisierung ist die transnational-weltweite Vernetzung von:

- Wirtschaft
- Politik
- Ökologie
- Medien
- *Kultur*

Dabei gilt diese Vernetzung nicht nur für die gesellschaftlichen Groß- bzw. Makrosysteme (wie z.B. Unternehmen, Parteien, Rundfunksender, Verlagshäuser), sondern ebenso für die weltweite *Vernetzung der individuellen Lebenswelt* (z.B. durch die Kommunikation im Internet, Last-Minute-Reisen). Das heißt für unser weiteres Vorgehen: die kulturelle Dimension der Globalisierung spielt eine wesentliche Rolle. Jedoch nicht nur sie:

So schreibt Harald Michels (2008: 5), daß Ulrich Beck (2004) in seinem Buch »Was ist Globalisierung?« Begriffe wie »Globalisierung«, »Globalität« und »Globalismus« wie folgt unterscheidet:

- » ›Globalisierung‹ beschreibt danach die Entfaltung einer quer zur Nationalstaatlichkeit liegenden Logik weltweiter Vernetzung transnationaler Akteure. Beck betont die Prozesshaftigkeit der Globalisierung. Globalisierung ist ein dynamischer Begriff und bezeichnet ständige Veränderung und Entwicklung. Giddens (2001: 24) hebt hervor, daß es sich nicht nur um einen Prozess handelt, sondern um ›eine komplexe Reihe von Prozessen. Deren Auswirkungen sind durchaus widersprüchlich und gegensätzlich‹.
- ›*Globalität*‹ steht nach Beck für den Ist-Zustand einer durch Technologien, Medien, Reisen, Handeln, etc. vernetzen Weltgesellschaft. Angesprochen sind hier die ›Katalysatoren‹ der Globalisierung, deren Entwicklungszustand und deren Bedeutung für eine ›Weltgesellschaft‹.
- ›Globalismus‹ beschreibt die Auffassung, daß der Weltmarkt das politische Handeln von Institutionen verdrängt bzw. ersetzt. Diese These geht einher mit dem diagnostizierten Verlust nationalstaatlicher politischer Einflussmacht gegenüber globalisierten Märkten, die sich zunehmend unabhängig von politischen Restriktionen und Regulationen ungehemmt zu entfalten scheinen.«

Nach diesem anderen, eher prozesshaften Verständnis ist Globalisierung kein rein neuzeitliches Phänomen des letzten Jahrhunderts mehr, sondern hat eine neue, durch weiterentwickelte Produktions- & Kommunikationstechnologien geförderte Qualität und beschleunigte Dynamik erreicht (vgl. von Plate 2003). *Globalität bzw. »Weltgesellschaft« ist das »Zauberwort«, sie zu fördern heißt demnach automatisch den globalen Austausch von Ideen und Gedanken zu forcieren und voranzutreiben.*

TECHNISIERUNG & MEDIALISIERUNG ALS DIE WEGBEREITER DER GLOBALISIERUNG

Einen essentiell wichtigen Einfluß auf die heutige, gerade ablaufende Phase der Globalisierung üben die Kommunikationssysteme aus (vgl. Schweigler 2003: 7 ff.). *Kommunikationsmedien sind in erster Linie Verbreitungs- und Diffusionsmedien von Ideen und Gedanken* geworden.

Mit der Übersetzung der Bibel (1523-1534) erschütterte Martin Luther die Welt. Vor der Übersetzung waren die Bibeltexte nur einem kleinen elitären Kreis sogenannter »Experten« vorbehalten, die die frühe griechischen und lateinischen Versionen zu lesen vermochten. Durch die Übersetzung ins Deutsche und durch die Erfindung und

4

Entwicklung des Buchdrucks durch Gutenberg konnten die Aussagen, Werte, Botschaften, Normen und Inhalte der Bibel wesentlich rapider und in der breiten Masse vervielfältigt werden und auf diese Weise einen kulturellen, aber natürlich auch religiösen Wandlungsprozess ›einläuten‹ (vgl. Brock 2008: 15).

Heute erfolgt die Verbreitung von Ideen, Gedanken, Wissen, Weltanschauungen und auch Religion weitaus schneller und weltweit umfassender.

Im Internet erhält man vernetzte Informationen, Bilder, Meinungen und Nachrichten aus aller Herrenländer der Welt, in Echtzeit telefoniert man mit Menschen auf der anderen Erdhälfte. Bereits 4 Jahre nach dem Startschuß des Internets versammelten sich über 50 Millionen Amerikaner im WorldWideWeb. Vor 12 Jahren, d.h. 1998, erlebte die Suchmaschine »Google« ihren Jungfernstart und in der Gegenwart ist der umgangssprachliche Ausdruck ›googlen‹ ein weit verstreuter Oberbegriff für das Suchen nach Informationen, Graphiken, Nachrichten und Wörtern im Web. Die Weiterentwicklung der elektronischen Medien ist ungebrochen hoch und verläuft in einer Geschwindigkeit, welche es im Falle anderer Kommunikationstechnologien in den Jahrhunderten zuvor nicht annähernd vorzuweisen gab. Heute alltägliche und trivial erscheinende Dinge wie z.B. Mobiltelefone, PC, WorldWideWeb, Routenplaner, peer-to-peer-Chatrooms, SMS- und E-Mail-Dienste vermochten unsere Lebenswelt innerhalb kürzester Zeit zu erobern. Die modernen technischen Errungenschaften und Entwicklungen erlauben uns ein weniger von harter körperlicher Arbeit geprägtes Leben zu führen, bedeuten aber zeitgleich ein Mehr an Stress, wenn sie uns Zeit rauben, indem wir kostbare Lebenszeit damit vergeuden Bedienungsmanuale zu lesen oder die alltäglich ankommenden Spam-Mails auf unserem PC zu beseitigen.

Statistisch gesehen sind 64 % aller Deutschen ab 14 Jahre »online«, vor zwölf Jahren waren es dagegen nur knapp 10 % (Der Spiegel 33/2008: 82). Die ermittelte tägliche Verweildauer der über 14-jährigen Deutschen im Internet beläuft sich gegenwärtig auf 58 Minuten. Kinder und Jugendliche sitzen vor dem PC, surfen im Internet, laden Musik herunter, spielen virtuelle Strategie- und Rollenspiele, chatten im StudiVZ (www.studivz.net), stellen sich und andere auf YouTube (www.youtube.com) zur Schau, »posten« in Foren oder »mailen« in Chatrooms bzw. in »peer-to-peer«-Verbindungen oder Instant Messages Services wie ICQ oder QIP und vieles andere mehr (vgl. Michels 2008: 9).

Jene miteinander durch Netzwerke verknüpfte _Kommunikationswelt hat unbestritten Einfluß auf z.B. die heranwachsenden Jugendkulturen, deren Entwicklung und Prozesse der Identitätsbildung._ Das folgende Kapitel geht auf letztere nun näher ein.

GLOBALISIERTE & REGIONALISIERTE KULTUR UND IDENTITÄTSBILDUNG

Jeder einzelne Mensch lebt als Individuum in der seinigen, eigenen Welt, äußerst persönlich sowie für sich einmalig. Hierin tätigt er seine eigenen, einzigartigen Erlebnisse, durchlebt Abenteuer, sucht nach dem großen oder kleinen Glück, baut Kontakte auf, erwirbt sich eine Sicht von sich selbst, der Dinge und eine Sicht der Welt. An ebendieser Eigenwelt lässt das Individuum andere Menschen teilhaben, hier erlangt der Mensch seine ihm eigene Kultur als Teil individueller Identitätsbildung. Auf diese Art und Weise entsteht eine *»kulturelle Identität« als Teil der »personalen Identität«.*

»Kulturelle Identität« (Der Begriff wird in verschiedenen Zusammenhängen sehr differenziert verwendet. Den Versuch einer Einordnung im Kontext des Globalisierungsdiskurses nimmt Flechsig (2002) vor.) wird ausdrücklich nicht als ›nationale Identität‹ verstanden. Mit ›kultureller Identität‹ ist die reale Zugehörigkeit oder auch das bloße Zugehörigkeitsgefühl zu anderen Menschen, Gruppen, Szenen, Milieus und ihren jeweiligen kulturellen Bezugssystemen gemeint (Michels 2008: 10; vgl. Flechsig 2002).«

Kultur wird soziologisch sowie anthropologisch als ein System von Werten und Normen verstanden, welches den in jenem Kultursystem lebenden Personen *eine Orientierungsmöglichkeit für ihr (gewünschtes) Verhalten und ihrer sinnhaften Handlungen* gibt. Es ist die spezifische Ausprägung davon, wie der Mensch wohnt, Geld verdient, untereinander kommuniziert, Beziehungen eingeht, Kontakte pflegt, seiner Arbeit nachgeht und vieles mehr. Kultur ist mit seinen Mustern und Formen der symbolischen Verständigung ein essentiell nötiges Orientierungssystem für Handlungen und Tätigkeiten, diese als Interaktion zu deuten und ihnen einen Sinn zu geben.

Auf der einen Seite ist ohne jenes kulturelle Orientierungssystem eine reibungslos agierende Interaktion mit anderen Personen in der gesellschaftlichen Praxis nicht möglich: Die erlebte Mit- und Umwelt vermittelt ihre Werte, Sinn- und Verhaltensmuster über vielschichtige Prozesse der »Kulturisation«. So wird auf der anderen Seite *die äußere Welt zu einem Teil der inneren individuellen Weltansicht, verbunden mit der Herausbildung von personaler Identität, dem Aufbau eines eigenen individuellen Wertesystems und der Festigung habitueller Praktiken.* Unzählige Theorieansätze versuchen diesen äußerst komplexen Aneignungsprozess von Kultur und Identität zu beschreiben (vgl. Hurrelmann 2001; Keupp 2004). Ferner haben sich die Rahmenbedingungen kultureller Aneignung im heutigen Zeitalter der fortgeschrittenen bzw. fortschreitenden Globalisierung erheblich geändert:

Die in globalem Maßstab miteinander vernetzten Medien und Kommunikationstechniken, wie sie bereits das vorangegangene Kapitel beschrieben hat, lassen den modernen *Menschen an Welten teilhaben, die prinzipiell weit entfernt unserer Erfahrungswelt liegen.* Die Welt schrumpft zum »Global Village«, dem »Weltdorf«, indem die gegenseitige Vermittlung von Informationen, Graphiken, Meldungen, Ideen und Gedanken uns in andere Welten einführt.

»In einer immer globaleren Umwelt, in der Informationen und Bilder selbstverständlich um die Welt gehen, kommt jeder von uns regelmäßig mit Menschen in Kontakt, die anders denken und auch anders leben als er (Giddens 2001: 14 ff.).«

Kino, Film und Fernsehen, Videobänder, Tonaufzeichnungen und das WorldWide-Web erzählen große und kleine Geschichten, welche wahr sind oder eben auch nicht.

»Auf jeden Fall transportieren sie Botschaften, Anreize, Verheißungen, die die Phantasie der Menschen wesentlich anregen (Beck/Beck-Gernsheim 2007: 59).«

Dadurch beeinflussen die Medien die heutigen Lebensprojekte und -vorstellungen von immer mehr Personen an immer mehr Orten auf der Erde. Mit diesen medial vermittelten Ideen, Gedanken und Bildern werden eigene Lebensumstände und Perspektiven des Lebens verbunden und lösen hier vielfältige Prozesse aus:

»Sobald sich Individuen in mehreren segmentären Parallelwelten bewegen und mit ihren jeweiligen Werten vertraut werden, können sie als Weltbürger [einer Weltgesellschaft] (Kosmopoliten) über unterschiedliche kulturelle Varianten verfügen und möglicherweise interkulturelle Widersprüche und Konflikte in sich austragen (Brock 2008: 132).«

Das drängt die Frage auf: Wie äußert sich diese »Zerrissenheit« konkret in alltäglichen Handlungen dieser Menschen? Wie bringen sie diesen inneren Konflikt gegenüber ihren Mitmenschen zum Ausdruck und zeigen damit öffentlich, was sie bewegt und beschäftigt? Die Antwort ist sehr einfach: Sie kommunizieren mit ihrer Umwelt auf verschiedenste Weise, manche organisieren sich und demonstrieren gegen globale Probleme auf den Straßen, manche versuchen sich in der Politik, um »etwas zu ändern«, andere wiederum geben ihre Meinungen nicht laut kund, sondern bedienen sich der Subtilität eines Kunstwerkes, um auf (globale) Missstände aufmerksam zu machen. So auch die kleine Gruppe derer, die Graffiti an Häuserwände sprüht, kleine Kunstwerke schafft, welche die globalen Ideen und Gedanken der Verfasser in sich tragen und diese innerhalb ihres kleinen Wirkungsraumes, den wenigen Quadratmetern Einzugsfläche, vor Ort und somit regional nahbar machen.

Die neuen, modernen Medien und ihre weltweite Vernetzung haben zur Folge, daß das eigene Leben nicht mehr als schicksalhaft gegeben angesehen werden muß, sondern andere Nuancen des Lebens sichtbar werden.

»Bis in die entferntesten Regionen der Welt können damit Vergleiche und Wünsche eindringen, die die Menschen dort früher nicht einmal ahnten (Beck/Beck-Gernsheim 2007: 60).«

Intensiver und eindeutig anders als in den vergangenen Jahrzehnten bzw. Jahrhunderten können die weltweit vernetzten Menschen und Kulturen heutzutage ihre regionalen Kulturen und individuellen Erfahrungen sowie Sinnmuster miteinander verknüpfen.

Dabei stellt sich die Globalisierung der Lebensformen zudem als eine doppeldeutige und teils widersprüchliche Entwicklung dar, nämlich

- zwischen *Diversität* und *Vereinheitlichung*
- zwischen *räumlicher Entgrenzung* und *Regionalisierung / Lokalisierung*

Mit der Globalisierung geht allgemein eine Neigung zur Angleichung und Vereinheitlichung einher, die darauf abzielt, die Unterschiede zwischen einzelnen Regionen der Erde, den souveränen Nationalstaaten, den unterschiedlichen Kulturen zu nivellieren (vgl. Wulff / Merkel 2002: 14). Kulturelle Differenzen vermögen vor dem Hintergrund einer universellen Konformität bzw. Gleichheit zu verschwimmen. Das gilt für die allermeisten auffälligen Ausdrucks- und Erscheinungsformen der Globalisierung, wie beispielsweise für Konsumwaren, Trends, Moden, Musik und Film, Kunst, Ideen und Gedanken sowie vieles mehr.

So bewegt sich der moderne Mensch selbstsicher und zielgerichtet in den globalisierten Malls und Einkaufspassagen der internationalen Großstädte, da sie einer global-gemeinsamen Logik, Struktur und innerem Aufbau zu folgen scheinen. *Globalisierung kann aus diesem Blickwinkel als weltumspannende Verbreitung von gesellschaftlichen Normen, Werten, Lebensstilen, Ideen und Gedanken – also Kultur – verstanden werden.* Manche mögen auf die Entstehung einer uniformen Lebens- bzw. Wertestruktur der Welt, d.h. einer »Weltgesellschaft«, hoffen, andere wiederum die mögliche Vereinheitlichung als monotone, fade und durch die wohlhabenden Industriestaaten dominierte »McDonaldisierung« der Welt befürchten.

Werden die Menschen dieser Erde sich so gesehen also stetig ähnlicher? Wohl kaum...

Bei aller globalisierten Durchdringung, Annäherung und Vermischung der Kulturen der Welt auf der einen Seite, so sind die Gegentendenzen auf der anderen Seite, insbesondere die Betonung von regionaler, lokaler und individueller Eigenständigkeit, nicht zu überhören:

»Auf der Kehrseite der kulturellen Globalisierung prägen Abgrenzung statt Offenheit das Bild. Der Universalität auf der einen steht das tiefgreifende Bedürfnis vieler Menschen nach kultureller Eigenständigkeit und Zugehörigkeit auf der anderen Seite gegenüber. Insofern mobilisiert die Globalisierung kulturelle wie religiöse Gegenbewegungen und verschärft ethnische Fragmentierungen (von Plate 2003: 6).«

Es scheint im fachlichen Diskurs eine hohe übereinstimmende Einigkeit darüber zu existieren, daß einerseits eine globalisierte Nivellierung bzw. Angleichung von Lebensstilen, Marken und Moden vorhanden, aber andererseits auch gleichzeitig eine Vermehrung beziehungsweise Veränderung der Vielzahl von Lebensformen vernehmbar ist. So kommen Wulf und Merkel (2002: 14) zu dem Schluß, daß in vielen Fällen die globalisierten Veränderungen lediglich die Oberfläche betreffen, »so dass es den Anschein hat, als transformieren sich die Lebensformen der Menschen, in Wirklichkeit wandeln sich jedoch die kulturell geprägten Tiefenstrukturen nicht (Wulf / Merkel 2002: 14).«

Die Lebensmuster global agierender, globalisierter Menschen werden sich womöglich immer ähnlicher, jedoch nicht gleicher! Von besonderer Widerstandsfähigkeit dürften dabei einmal mehr die kulturellen Verschiedenheiten sein, welche sich durch z.B. religiös geprägte Trennlinien zwischen den einzelnen Weltkulturen ausmachen lassen (vgl. Huntington 2006). Ein anderes Mal sind es die ökonomisch differenten

Lebenslagen und –situationen der Menschen in der Welt, welche die globale »Gleichheit« abbilden.

»Der Erfahrungsraum der ›globalen Generation‹ ist zwar globalisiert, aber gleichzeitig durch tiefgreifende Trennlinien und Gegensätze gekennzeichnet (Beck / Beck-Gernsheim 2007: 56).«

So befindet Wulf (2007: 77), dass die transnationale Weltgemeinschaft nicht durch Uniformität, d.h. Einheitlichkeit und Übersichtlichkeit, sondern vielmehr durch Diversität, d.h. Vielfalt, Differenz und Komplexität, charakterisiert wird. Die Annahme einer »McDonaldisierung« der Welt greift demnach zu kurz. Die Vermarktungsstrategien der »Welt-Marken« wie z.B. Coca Cola oder eben McDonalds würde beispielsweise nicht aufgehen, wenn nicht bei der Produktion und im Vertrieb »Rücksicht« auf die lokalen Eigenheiten bestimmter Regionen genommen würde.

Der Erfolg von McDonalds in manchen Regionen der Welt wird z.B. erst vor dem Hintergrund der dortigen Lebensverhältnisse transparent und verständlich. So preist McDonalds im asiatischen Raum einen neuen öffentlichen Raum speziell für Frauen an, welcher

»jenseits der von Männern dominierten Teehäuser und Restaurants [liegt]: Hier wird kein Alkohol ausgeschenkt, das Management schützt sie vor Belästigungen und behandelt sie genauso gut wie männliche Kunden (Breidenbach 2003: 165).«

In den chinesischen Metropolen Hongkong und Peking hatten die Führungskader des McDonalds-Managementes allerdings große Schwierigkeiten, das freundliche Image des »Sevice with a smile« zu etablieren, da sich die chinesische Kundschaft durch die lächelnden Bedienungen für dumm verkauft fühlten. Man musste feststellen, dass sich im »Land des Lächelns« das Lächeln eben nicht einfach global neu interpretieren ließ.

Gleichermaßen verhält es sich auch mit lokal verortbaren (z.B. Graffiti an Häuserwänden) globalen Ideen, Gedanken, Wertvorstellungen: Graffiti sind nicht gleich Graffiti, sie sind von Region zu Region unterschiedlich, genauso wie ihre Verfasser, die womöglich unterschiedlicher nicht sein könnten. Sie müssen sich auch unterscheiden, denn ohne die Rücksicht auf die in ihrer Region vorherrschende Kultur, würden die Aussagen vieler Graffiti durch die vorbeilaufenden Menschen nicht erkannt beziehungsweise gedeutet werden können. Trotz dieser Differenzen in Erscheinungsform oder Stil, alle eint sie jedoch die Existenz eines globalen Leitgedankens, z.B. des Umwelt- bzw. Klimaschutzes, welcher ihnen allen innewohnt und den sie verkörpern (detailliertere Gaffiti-Illustrationen und -interpretationen folgen im Laufe dieser Hausarbeit noch an ausgewählten Mainzer Beispielen).

Globale Systeme (Globalität, Weltgesellschaft, etc.) und lokale Lebenswelten (Leben im Stadtteil, Wirken in Vereinen, etc.) entwickeln sich somit nicht losgelöst voneinander, vielmehr durchdringen sie sich gegenseitig, was durch Robertson (1992) bereits frühzeitig sehr eingängig als *»Glokalisierung«* beschrieben worden ist, ein Wortspiel aus den Begriffen »Globalisierung« und »Lokalisierung«. So zeigen Beiträge der Pädagogik und Soziologie zur Jugendforschung auf, wie es Kindern und Jugendlichen beispielsweise gelingt in der Gestaltung von Musik-Szenen oder jugendlich-kulturellen Gemeinschaften, lokale Gegebenheiten mit raumübergreifenden, globalen Impulsen in Verbindung zu bringen (vgl. Müller-Bachmann 2007: 144).

FREMDHEIT & DIFFERENZ ALS WESENTLICHE ELEMENTE DER IDENTITÄTSBILDUNG

Ein zentraler Gesichtspunkt kultureller Globalisierung ist die Verwendung und der Rückgriff auf mehrere (fremd erscheinende) Kulturen (vgl. Brock 2008: 137). *Der Umgang mit dem Andersartigen sowie dem Fremdartigen ist demnach eine bedeutsame Herausforderung für die Entwicklung eigener Lebensweis(heit)en und der Herausbildung der personalen und kulturellen Identität.* Jenen Umgang mit Fremdheit und dessen Bedeutung für die Ausbildung personaler bzw. kultureller Identität hat Becker (2008) in aller Ausführlichkeit problematisiert: Es geht Becker in seinen Ausführungen nicht einzig und alleine um den Fremdling, dem man als individuelles Lebewesen, mit einer möglicherweise ethnischen und nationalstaatlichen Zugehörigkeit, begegnet; vielmehr geht es Becker um das Fremdartige in seinen vielfältigsten Ausdrucksformen, bis hin zum *Fremdartigen in uns selbst!*

»Das Fremde ist immer und überall«. Das Fremde wird zum Begriff des »anders sein«, zu einem Aspekt individueller und kultureller Differenz (vgl. Becker 2008).

Becker geht sogar so weit, daß er konstatiert, daß nicht etwa das Fremdartige das Problem, sondern gerade der Mangel an ihm das letztendliche Problem sei.

»Anders ausgedrückt: Wenn die Auseinandersetzung mit Fremden fehlt oder gemieden wird, wenn die Sehnsucht nach Sicherheit überwiegt, wird Bildung gestoppt und die Entwicklung von Autonomie gefährdet, wird die offene Lebenszukunft, die [jeder Mensch] prinzipiell besitzt, entwicklungs- und bildungsfeindlich. D.h. der Kontakt mit Fremden ist eine existentielle Notwendigkeit, soll sich ein autonomes Ich heranbilden (Becker 2008: 38).«

Auf der einen Seite ermöglicht die Globalisierung überhaupt erst diese Fremdheitserfahrungen durch z.B. das virtuell-visuelle Eindringen in anders- bzw. fremdartige Welten und Kulturen mithilfe hochtechnologischer Medien oder durch den weltumspannenden Tourismus. Auf der anderen Seite gefährdet der Globalisierungsprozess jene notwendigen Erfahrungen des Fremdartigen durch Tendenzen der Vereinheitlichung sowie durch Partikularisierung sich abgrenzender kultureller Szenen und Milieus. Michels (2008: 14) zeigt auf, dass das Fremdartige mit der Globalisierung langsam verloren gehen könnte, denn begegnete sich der globalisierte Mensch selbst nur noch im Anderen und erführe er so keine Differenz/Fremdheit mehr, so gefährdete dies die individuelle Entwicklung. Die Notwendigkeit kultureller Vielfalt, Meinungen, Ideen und Gedanken sowie Differenz- und Fremdheitserfahrung seien so begründet.

DES SPRAYERS HERZ SCHLÄGT HÖHER

Nachdem sich bisher sehr theoretisch und wenig praxisnah dem übergeordneten Thema dieser Hausarbeit genähert wurde und die Grundlagen für den nachfolgenden zweiten Teil gelegt wurden, drängt sich zum Ende dieses ersten Teiles zumindest den Autoren folgende Frage auf:

Wieso haben sich die beiden letzten voranstehenden Kapitel mit so »abwegigen« Themen wie Kulturentwicklung und Identitätsbildung beschäftigt? Was tragen diese Themen dazu bei, um den Prozess der Entstehung eines aussagekräftigen Graffito, welches ein oder mehrere globale Themen vermitteln soll, zu verstehen?

Die Frage erscheint berechtigt. So liegt der Sachverhalt doch klar auf der Hand: Der Sprayer hat sich nichts bei seinem Graffito gedacht, er wollte einfach nur mal eine Wand beschmieren, den Hausbesitzer ärgern und vielleicht noch mitteilen, daß »Nazis raus« sollen. Mehr nicht. Wer Wände beschmiert, der kann sich dabei doch nichts gedacht haben. Ende der Diskussion.

Aber macht man es sich so nicht zu einfach? Natürlich! Sprayen kann erstens nicht jeder und zweitens berücksichtigt man nicht die persönlichen Beweggründe des Sprayers, welche in seiner personalen, aber auch kulturellen Identität begründet liegen. Betrachten wir den Prozess des Sprayens etwas genauer:

Durch das _Vermitteln globaler Ideen, Gedanken, Wertvorstellungen_ durch die Medien erfährt der Sprayer Tatsachen, die ihn unter Umständen in seiner personalen Identität so sehr berühren, daß er die Probleme anderer zu den seinigen werden lässt. Er will helfen. Und sei es nur durch das Weiterverbreiten und das Informieren über den globalen Missstand. Durch die Kulturisation bzw. _Sozialisation_, die er _durch die Gesellschaft_ erfahren hat, ist ihm bewusst, was er alles legal unternehmen darf, um sein Vorhaben umzusetzen, denn sein Verhalten ist an sozialisierte Normen und Werte, Verhaltensweisen und –regeln gebunden. Eine Regel könnte lauten: Du darfst keine fremden Hauswände beschmieren, auch wenn Dein Anliegen für Dich noch so wichtig erscheint. Der Sprayer beschäftigt sich jedoch weiter mit den Ideen, die er durch die Medien zugetragen bekommt – täglich. Irgendwann _handelt er global denkend_, er versteht sich womöglich als Weltbürger. Sein Mitteilungsdrang überwiegt: Er setzt sich über die gesellschaftlichen Normen hinweg, sein personales Ich führt ihn. Er sprüht ein Graffiti, ohne Namen, anonym, aber mit einer _Aussage, abgestimmt auf die regionale Kultur_, damit es möglichst viele verstehen. Er hat es geschafft, das Graffiti ist auf der Wand platziert und wird die nächste Zeit die Blicke der vorbeigehenden Menschen auf sich ziehen, sie zum Denken anregen und eine Botschaft vermitteln. Des Sprayers Herz schlägt höher.

So oder so ähnlich läuft der Prozess des Graffiti-Sprayens tagtäglich und weltweit ab. Wir halten fest: _Kulturelle Globalisierung, die sich in Graffiti äußert, ist immer eng verbunden mit regionalisierter Kultur und personaler/ kultureller Identitätsbildung._

B   **Literaturverzeichnis (1.Teil)**

Beck, Ulrich (2004): Was ist Globalisierung. Irrtümer des Globalismus – Antworten auf die Globalisierung, Frankfurt am Main: Suhrkamp Verlag.

Beck, Ulrich / Beck-Gernsheim, Elisabeth (2007): Generation global und die Falle des methodologischen Nationalismus. In: Villány, Dirk / Witte, Matthias D. / Sander, Uwe (Hg.) (2007): Globale Jugend und Jugendkulturen. Aufwachsen im Zeitalter der Globalisierung, Weinheim und München: Juventa – Verlag, S. 55-74.

Becker, Peter (2008): Das Fremde ist immer und überall – Zur Unverzichtbarkeit des Fremden im Bildungsprozess und seine Beziehung zum Abenteuer. In: Schirp, Jochen (Hg.) (2008): Abenteuer ein Weg zur Jugend? Das Fremde als Schlüsselbegriff in der Abenteuer- und Erlebnispädagogik. Tagungsdokumentation der 6. bundesweiten Fachtagung zur Erlebnispädagogik. Verein zur Förderung bewegungs- und sportorientierter Jugendarbeit (bsj), Marburg: S. 27-48.

Breidenbach, Joana (2003): Globaler Alltag. Kann man Globalisierung verstehen? In: Kleiner, Marcus S. / Strasser, Hermann (Hg.) (2003): Globalisierungswelten. Kultur und Gesellschaft in einer entfesselten Welt, Köln: Herbert von Halem Verlag, S. 161-175.

Brock, Ditmar (2008): Globalisierung. Wirtschaft, Politik, Kultur, Gesellschaft, Wiesbaden: Verlag für Sozialwissenschaften.

Bundeszentrale für Politische Bildung (Hg.) (12/2002): Aus Politik und Zeitgeschichte (APuZ). Band 12.

Der Spiegel (33/2008): Macht das Internet doof? Vernetzt, verquatscht, verloren, Hamburg: Ausgabe 33.

Flechsig, Karl Heinz (2002): Kulturelle Identität als Lernproblem. In: Wulf, Christoph / Merkel, Christine M. (Hg.) (2002): Globalisierung als Herausforderung der Erziehung. Theorien, Grundlagen, Fallstudien, Münster: Waxmann – Verlag, S. 64-74.

Giddens, Anthony (2001): Entfesselte Welt. Wie die Globalisierung unser Leben verändert, Frankfurt am Main: Suhrkamp Verlag.

Huntington, Samuel P. ([6]2006): Kampf der Kulturen. Die Neugestaltung der Weltpolitik im 21. Jahrhundert, München: Goldmann Verlag. Taschenbuchausgabe.

Hurrelmann, Klaus (2001): Einführung in die Sozialisationstheorie. Über den Zusammenhang von Sozialstruktur und Persönlichkeit, Weinheim: Beltz Verlag.

Keupp, Heiner (2004): Identitätskonstruktion. In: Schirp, Jochen / Thiel, Irmgard (Hg.) (2004): Abenteuer – Ein Weg zur Jugend. Entwicklungsanforderungen und Zukunftsperspektiven der Erlebnispädagogik. Dokumentation zur 5. bundesweiten Fachtagung zur Erlebnispädagogik, Butzbach – Griedel: Afra - Verlag, S. 35-64.

Michels, Harald (2008): »Globalisierte Welt«. e&l 6, S. 4-16.

Müller – Bachmann, Eckart (2007): Strukturelle Aspekte jugendkultureller Vergemeinschaftungsformen im Zeitalter der Globalisierung. In: Villány, Dirk / Witte, Matthias D. / Sander, Uwe (Hg.) (2007): Globale Jugend und Jugendkulturen. Aufwachsen im Zeitalter der Globalisierung, Weinheim und München: Juventa – Verlag, S. 137-146.

Plate, Bernhard von (2003): Grundzüge der Globalisierung. In: Bundeszentrale für Politische Bildung (Hg.): Globalisierung. Informationen zur politischen Bildung 208. Bonn: S. 3-6.

Robertson, Roland (1992): Globalization. Social Theory and Global Culture, London und Neu Dehli: Sage Verlag.

Schweigler, Gebhard (2003): Informationsrevolution und ihre Folgen. In: Bundeszentrale für politische Bildung (Hg.): Globalisierung. Informationen zur politischen Bildung 208. Bonn: S. 7-12.

Shell – Studie (2006): Jugend 2006. Eine pragmatische Jugend unter Druck, Frankfurt am Main: Fischer Taschenbuch Verlag.

Wulff, Christoph / Merkel, Christine M. (2002): Globalisierung als Herausforderung der Erziehung. Theorien, Grundlagen, Fallstudien, Münster: Waxmann – Verlag.

Wulf, Christoph (2007): Pädagogische Theorien des Lernens, Weinheim: Beltz Verlag.